路虹剑／主编

化学工业出版社
·北京·

责任编辑：龚　娟　肖　冉　　　　装帧设计：王　婧
责任校对：李　爽　　　　　　　　插　　画：胡义翔

出版发行：化学工业出版社（北京市东城区青年湖南街 13 号 邮政编码 100011）
印　　装：盛大（天津）印刷有限公司
710mm×1000mm　1/16　印张 13　字数 100 千字
2023 年 4 月北京第 1 版第 1 次印刷

购书咨询：010-64518888
售后服务：010-64518899
网　　址：http://www.cip.com.cn
凡购买本书，如有缺损质量问题，本社销售中心负责调换。

定价：98.00 元（全 2 册）　

丛书编委会名单

本册编写人员名单

推荐序 1

阅读本书，真让我有一种耳目一新的体验。

成语，是中华优秀传统文化的重要组成；科学，反映自然、社会、思维的客观规律。在读这本书之前，我从来没有把成语和科学联系在一起，而这本书却把二者关联得这样完美。咬文嚼字，在理解成语的过程中，引发了我不断地思考；动手实验，在探究验证的过程中，又让我豁然开朗，有所顿悟。原来，成语中的每一个汉字，都是如此的博大精深；每一个实验，又是如此的精准而严谨，让游走在国学与科学之间的我，享受着从未有过的快乐。

我佩服古人的智慧，佩服编者的智慧……

宋浩志（北京市东城区教育科学研究院副院长 语文特级教师）

推荐序 2

汉语成语是我国文化宝库中璀璨的明珠，是在中华民族漫长的历史发展过程中，先人们通过对自然、社会的观察，提炼出非常具有人生哲理的名言警句，经常成为现代中国人的行为指导思想和文化论证依据。

当看到书名“用实验证明成语”时，忽然感觉人文性非常强的成语怎么可以进行严谨的科学实证？通读全书，豁然开朗！“发引千钧”，利用杠杆，“一发”可承“千钧”；“覆水难收”，混合与分离，泼出去的水可以收回；“杯弓蛇影”，通过影子实验，可以去心病；“水到渠成”，模拟实验，自然流水可以成河；“移花接木”，植物可以嫁接，造假可以成真；“如影随形”，影的轮廓与物体的形状有什么关系，光影实验说明；“沧海桑田”，海陆怎么会交换？模拟实验证实；“沉李浮瓜”，谁主沉浮？看浮沉实验……对具有科学现象的成语，

都精妙地设计了探究实验，学习成语的思想，更做科学思考。脑洞大开，击掌叹服！

路虹剑老师和他率领的科学团队，做出非常精彩的工作，把人文素养的提升和科学素养的培养创造性地结合在一起，走出了跨学科学习的新路。

本书非常适合少年儿童作为阅读文本，也适合家长带领儿童共同学习，也是科学教师进行科学探究教学的有益参考。

叶宝生（首都师范大学教授）

推荐序 3

成语是我国语言文化的瑰宝，书中引用的很多成语都源自古人对世界观察后的所思所想，观察可谓细致，描述可谓准确，道理可谓深刻，是一种智慧的表现。书中把古人的观察、思考和表达呈现在今天的孩子面前，使得孩子们能够借助这本书，模仿古人对世界进行观察，引发对问题的思考，并亲自动手开展科学探究实践，最终形成自己的理解和表达。这本书的出现给孩子们和教师提供了很好的科学实践素材，集科学、文学于一体，为学生综合素养的提升，创造性地开辟了新路径。

贾欣（北京市教育科学研究院 科学室主任 科学教研员）

推荐序 4

这是一本将中国传统文化瑰宝与科学相互融合的趣味读物，横向打通学科间的壁垒，引领小读者于真实世界中，综合看待与解决问题。

这是一本动静结合的读物，由短小精悍的句段与生动活泼的彩图构成了静态文本，更有“扫码看实验”的动态视频资源，促使小读者既闻到了书香，又观览到实验的炫酷。

这是一本 “读、问、探、明、迁” 纵贯的读物。读成语、生疑问、真探究、明事理、远迁移。相信捧读过此本书后，会有更多的小读者爱上传统文化，爱上科学，爱上观察、动手与思考。

范颖（北京市教育科学研究院 科学教研员 特级教师）

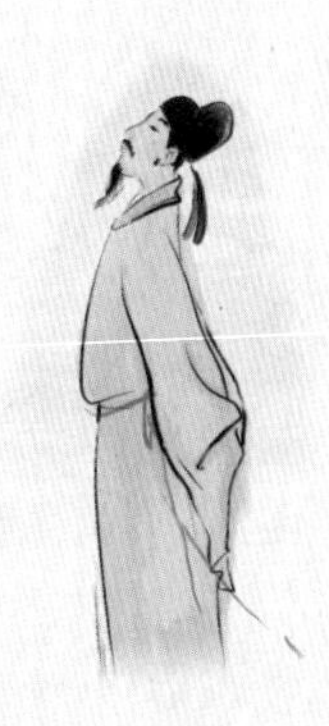

前言

如影随形的“形”为什么不是行走的“行”？杯弓蛇影的“影”是阴影还是倒影？蛾子常在夜间活动，说明它们并不喜欢白天的光，那为什么夜晚却有“飞蛾扑火”的情况？……小朋友们，这些成语里藏着有趣的科学问题，你们发现了吗？

成语是中华文化的瑰宝，多为四个字。人们更多关注的是成语故事和故事所揭示的道理。这些体现自然现象或规律的成语，其字面内容果真如此吗？你是不是也产生过一些疑惑？

此刻，你一定想了解这些成语中所蕴含的科学知识吧。本书将实现你的愿望！它将带你走进成语的文化，用科学实验或科学观察的方法再现现象；用探究的方法发现其中的秘密。整个阅读与实践的过程中，你的思考将会不断深入且是多角度的。

相信，随着你对成语中科学知识的了解，你会由衷赞叹：古时，人们在长期的生产生活中是如此善于观察提炼，对大自然有着那么深刻的认识！他们用自己的勤劳与智慧，产生了诸多的发现和发明，解决了很多实际问题，不断理解自然、征服自然。他们还善于用成语等多种方式记录和传承。同学们，本书会带给你不一样的学习经历，请尽快开始你别样的研究与体验吧！

目录

1 滴水不漏

有孔的瓶子一定会漏水吗？

成语解读

滴水不漏的意思是一滴水也不外漏，通常用来形容说话、办事周密严谨，毫无漏洞。

这个成语出自明代冯梦龙《东周列国志》：“公孙官率领军士，拘获车仗人等，真个是滴水不漏。”

宋代朱熹在《朱子语类·易三》中也说过：“又要说得极密处无缝罅（xià），盛水不漏。”

问题来了

装水的瓶子只有无缝隙才能滴水不漏吗？用有孔的瓶子装水就一定会漏水吗？

用生活中常见的瓶子装水，由于密封性好，水通常是不会漏出去的。而且，你发现没有？有时候我们用有裂痕的瓷碗装水，仍然可以做到不漏水。

如果用侧面有个小孔的塑料瓶装水，是不是也能做到滴水不漏呢？下面我们就来通过实验证明一下吧。

现在，开始动手实验吧

在接下来的实验中，我们将观察不同孔径下的漏水情况。

实验准备：

矿泉水瓶1个、锥子、尺子、水、擦布等。

实验步骤：

用锥子在塑料瓶上穿个小孔。

往侧面有个小孔的空塑料瓶里倒水。你发现了没有？当水到达小孔的位置时，水就从小孔中流出来啦。

用手按住小孔，往塑料瓶里倒水。当水快到瓶口时，迅速拧上瓶盖。把塑料瓶放在桌面静置，松开按住小孔的手，你会发现什么神奇的现象呢？

当拧上瓶盖后，小孔处不会再有水漏出去了。这是什么原因呢？

小孔不漏水的原因

地球周围包着一层厚厚的空气，通常把这层空气的整体称为大气层，它上疏下密地分布在地球的周围，所有浸在大气里的物体都受到大气作用于它的压强，就是大气压强。

在实验中，当我们拧上瓶盖后，小孔处不会再有水漏出去主要是大气压强的作用。浸在大气里的物体都受到大气压强，拧上瓶盖后，瓶内残余的空气压力与小孔以上的瓶内水柱的重力之和小于小孔外部的大气压力，所以小孔处就不会再有水漏出去了。

接下来，如果把塑料瓶上的小孔变大，往瓶子里倒水，当水快到瓶口时，迅速拧上瓶盖，在无外力挤压的情况下，还会滴水不漏吗？

我们调节孔的大小，使其直径依次为 3、5、7、9（毫米）。

用手按住孔，往塑料瓶里倒水。当水快到瓶口时，迅速拧上瓶盖。把塑料瓶放在桌面静置，松开按住孔的手，会不会有水从孔中漏出呢?

我们可以看到，当孔径小于 9 毫米时，拧上瓶盖后，小孔处不会有水漏出去。但孔径达到 9 毫米时，就会有水漏出。

表面层和表面张力

液体跟气体接触的表面存在一个薄层，叫作表面层。作用于液体表面层使液体表面缩小的力，称为液体表面张力。

当孔径大到一定程度，小孔处水的表面张力减小，内外压力不同，水就会从孔中漏出去。

你发现了吗？

往瓶子里倒水，由于重力作用，水都会向下运动，顺着小孔流出去。但是小孔表面的水形成水膜，有很大的表面张力，拧紧瓶盖后，瓶外的空气压力大于瓶内的空气压力和水的重力之和，所以水并没有从小孔漏出去。然而当孔大到一定程度，小孔处水的表面张力减小，水就会从孔中漏出去。

滴水不漏这个实验还带给我们这样的启发：在说话、做事时，我们要尽量考虑得周密，一些小的漏洞在一定程度上可以弥补，但大的漏洞，尽管有其他力量的支持也于事无补。

1. 如果在一个瓶子下方相同的高度有 2 个小孔，用这个瓶子装水，当水快到瓶口时，拧上瓶盖，水会不会也漏不出去呢？

2. 如果在一个瓶子上方和下方各有一个小孔，用这个瓶子装水，当水快到瓶口时，拧上瓶盖，你又会发现什么神奇的现象呢？快去试试吧！

2 如影随形

为什么是“形”而不是“行”？

成语解读

如影随形的意思是如同影子跟着人体一般，用来比喻两个人关系亲密，常在一起。

如影随形这个成语出自《管子·任法》：“然故下之事上也，如响之应声也；臣之事主也，如影之从形也。” 这句话的意思是：“那么下对上，就像是回响反应声音一样；大臣效忠于君王，就像影子跟着人体一样。”

问题来了

成语如影随形中的形，为什么不是行走的行呢？

站在阳光下，观察自己和别人的影子，我们能判断出这是谁的影子。当我们走起来，影子也会跟随我们一起动。这样看，如影随形与如影随行好像都有对应的现象。

那么，可能你会想：我去哪儿影子就跟到哪儿，不应该是行走的行吗？影子总会与物体轮廓的形状一样吗？影子总是跟随物体移动吗？会不会有一个在某种情况下就不是这样的呢？

接下来，我们通过实验来找到答案吧。

现在，开始动手实验吧

为了弄清楚关于影子的这些问题，我们在实验之前需要做一些简单的准备。

实验准备：

动物玩具1个、手电筒1支。

实验步骤：

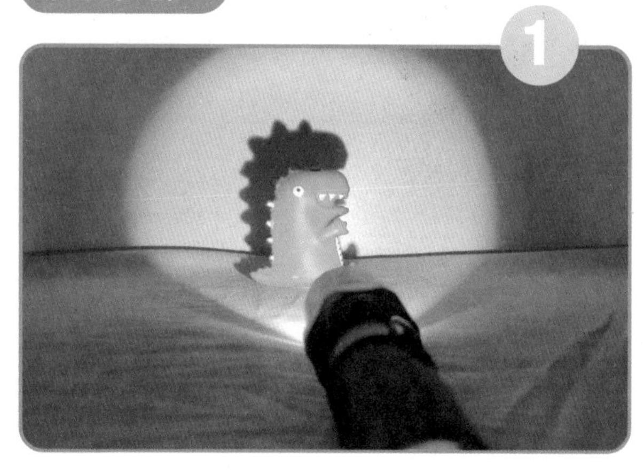

将准备好的动物玩具放置好，用手电筒分别在不同的位置照射它，从手电筒位置观察玩具的轮廓，并与玩具形成的影子形状进行比较。

还可以有更多的角度变化，我们会发现影子的形状都是此时视角下玩具的轮廓。这是怎么回事呢？

影子是如何产生的？

无论是太阳光、灯光还是烛光，它们都是以直线传播的。

当光照在我们的身上或不透明的物体上，光就被阻挡而照射不过去，造成我们身后或物体的后面形成阴影区域，如果后面有墙、地面或其他起到屏幕作用的面，就会在上面形成影子了。

我们很容易理解影子与物体形状的一致性。如果让玩具和手电筒移动起来呢？当它们分别发生各种位置移动的情况，影子又会怎样变化呢？接下来，我们让光源不移动，动物玩具分别上、下、左、右移动，看看影子会跟随玩具吗？

3

最后，我们来看一下，当玩具和光源分别向相同方向移动时（两者移动的速度可以不同），影子又会发生怎样的变化？

4

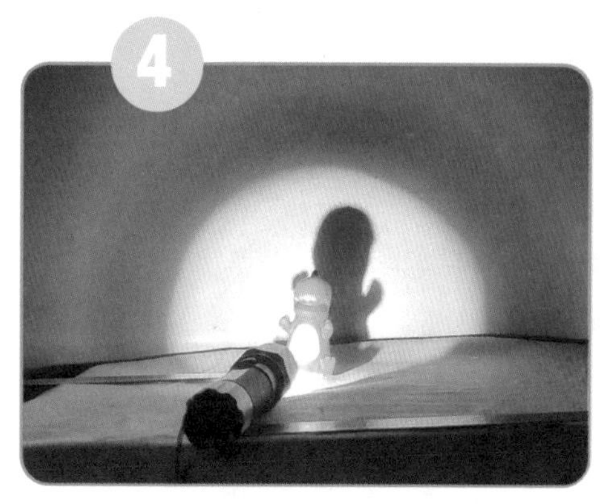

玩具和手电筒同速向左移动时，影子和光源、玩具的移动方向是一样的。

5

神奇的事情发生了！当玩具缓慢左移，手电筒快速左移，影子神奇地在远离玩具往右移！

你注意到了吗？

夜晚走在路灯下也会出现人往前行，影往后移的情况。

你发现了吗?

影子的形状总与人体或物体的形状是一致的。即便有些情况下，由于角度倾斜造成影子被拉伸，但形状还是一致的。

根据实验，确实存在影子会跟物体移动方向不一致的情况出现。而且成语表达的是影子跟形体是一样的，由此，我们知道如影随形的形，不能是行走的行。

开动脑筋想一想

1. 你玩手影游戏吗？如何做出各种手影的变化游戏呢？你可以试一试，甚至自己当个导演来创编一个影子短剧。

2. 如何让你的影子变大或缩小？站在一面墙的前面，试试看如何改变你的影子的大小吧。

3 晴天霹雳

为什么摩擦会产生电？

成语解读

一物生来妙，白光一道道，冬日很少见，常在雨天到。这就是雷电。那么，你听过“晴天霹雳”这个成语吗？

晴天霹雳的意思是晴天突然响起了霹雳，常用来比喻意外的坏消息或变故。

晴天霹雳这个成语出自宋·陆游《四日夜鸡未鸣起作》诗：“放翁病过秋，忽起作醉墨。正如久蛰龙，青天飞霹雳。”诗词的意思是：在老人病好之后，忽然起身作画，就像一条蛰伏很久的龙，飞上天空。

问题来了

晴天的时候，有可能出现雷电吗？

说到雷电，有的同学表示，阴天或下雨时见过雷电，但晴天真的也会有雷电吗？也有的同学认为晴天不会有雷电，阴天下雨的时候才会有呢。

其实，晴天也是有可能产生雷电的。根据媒体报道，2020 年 8 月的一天，美国佛罗里达州就出现过这样的情况，晴朗的天空中突然出现一道雷电，击中了一棵棕榈树。

雷电和静电放电现象

雷电是一种常见的云层之间或云层与大地之间的静电放电现象，静电放电在人们生活中其实很常见。

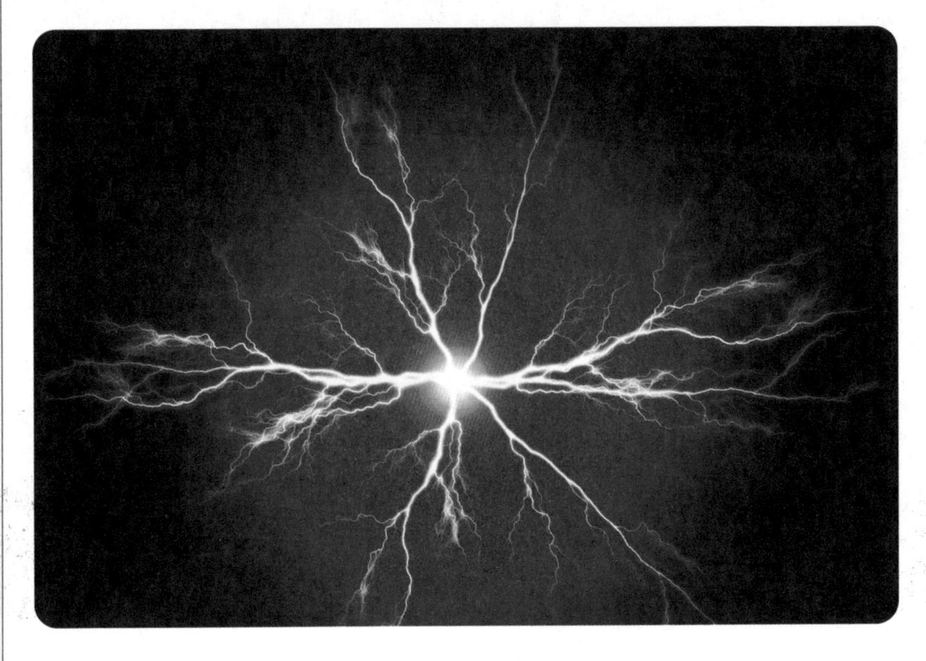

比如，在天气干燥的季节，用手接触金属物体时会感到被针扎一样的刺痛，并伴有“噼啪”的响声；在夜里脱毛衣时，不仅能听到“噼啪”的声音，甚至能够看到火花，这些都是静电放电现象。

看到这里，可能你会好奇了，静电是怎么产生的呢？静电放电又是怎么形成的呢？衣服和身体会有摩擦，静电会不会与摩擦有关呢？

下面，让我们通过实验来探讨一下吧。

现在，开始动手实验吧

在接下来的实验中，我们分为两个部分，第一个部分是验证摩擦是否能产生静电，第二个部分是探讨放电现象。

首先我们来看看摩擦能不能产生静电吧！

实验准备:

干毛巾或皮毛、小纸片、气球。

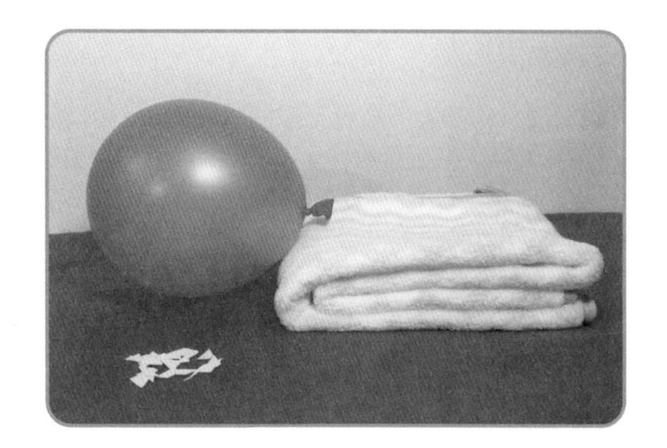

实验步骤:

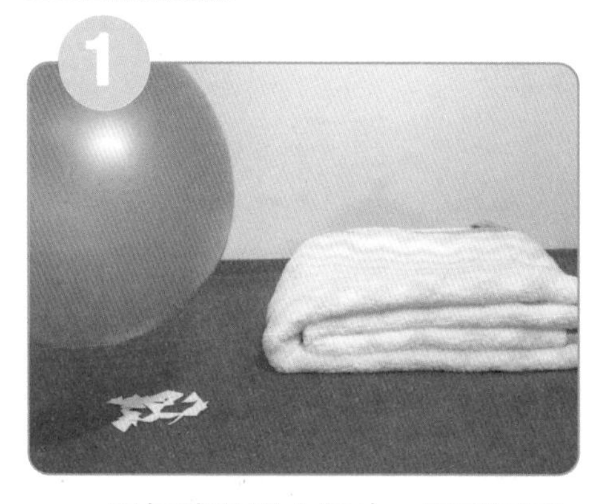

用气球吸引小纸片，看看能不能被吸起来。

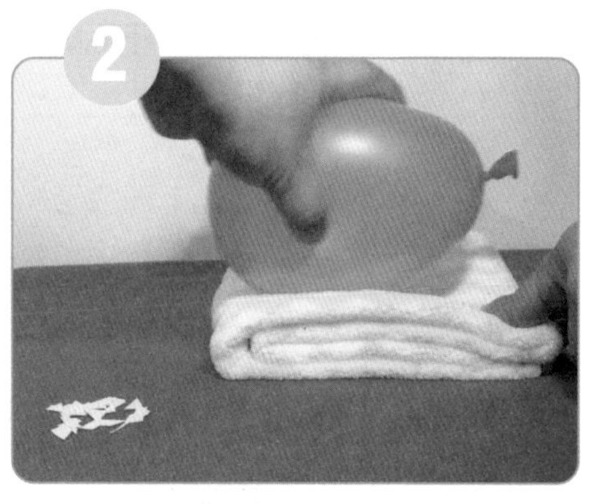

把气球放在干毛巾上摩擦几下。

再把气球靠近碎纸片。

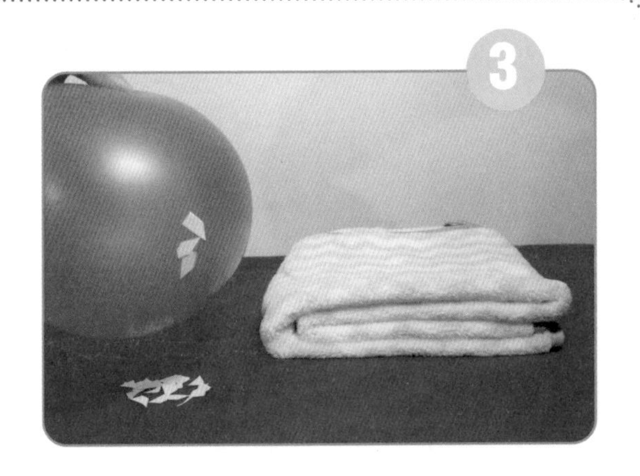

很明显，碎纸片被吸到了摩擦后的气球上，看来摩擦会使物体带电。

自然界中存在正负两种电荷，同种电荷互相排斥，异种电荷互相吸引。摩擦会使两个物体分别带上不同的等量电荷，从而使物体带电，这样的现象叫作摩擦起电。

那么，静电放电又是怎么回事呢？我们接下来进入实验的第二个部分！

实验准备:

塑料杯、铝箔、气球、干毛巾。

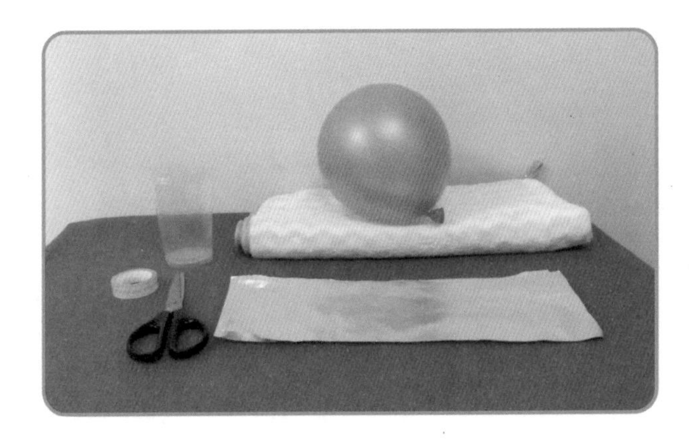

实验步骤：

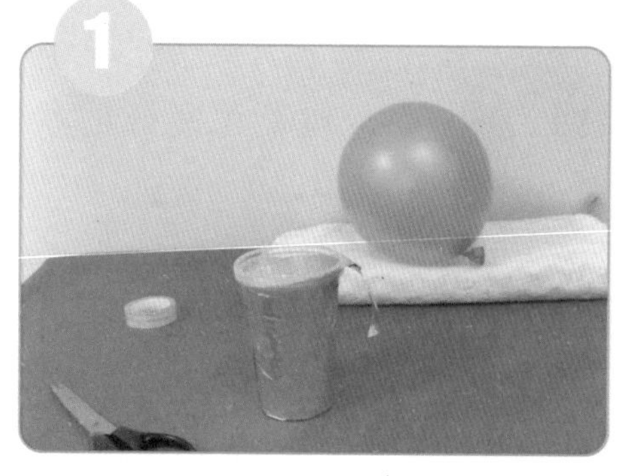

在两个塑料杯 A 和 B 的外壁及底部都包裹上铝箔，铝箔要尽量平整。其中杯子 A 上的铝箔引出一小条翘起的“小舌头”，并把杯子 A 套在杯子 B 里面。

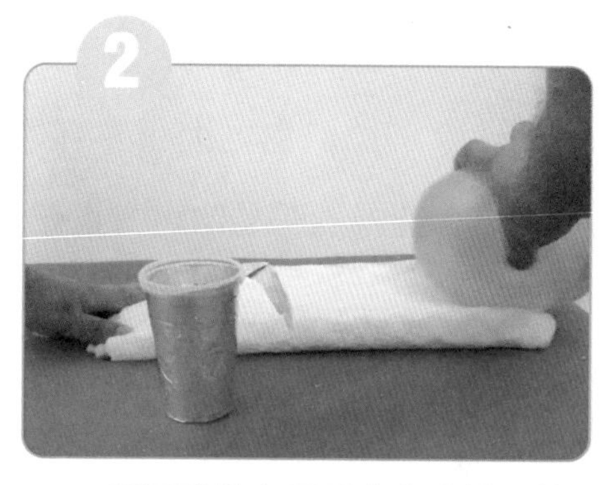

把气球放在干毛巾上摩擦，然后用气球轻轻接触伸出的“小舌头”，多重复几次这样的操作。

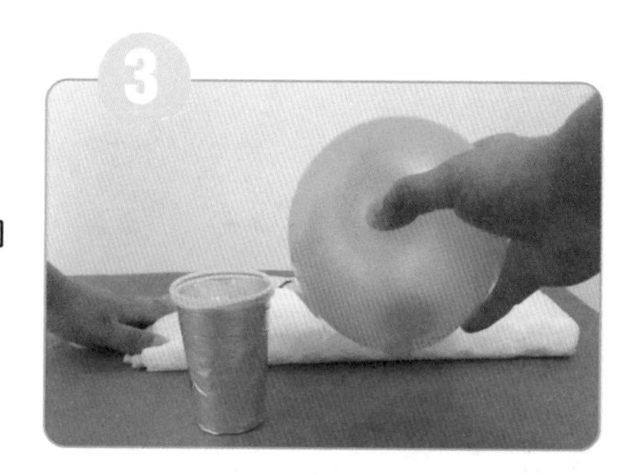

用气球轻轻推动 “小舌头”向杯子 B 的铝箔慢慢靠近。

看！当“小舌头”靠近铝箔一定距离时，在它们之间产生了电火花，并有“噼啪”的声音发出。

气球上的电荷可以传递给杯子 A 上的铝箔，这些电荷会吸引不同的电荷汇聚到杯子 B 的铝箔上。当两个铝箔接近的时候，就会产生放电现象。

你发现了吗?

摩擦可以使物体带电，并让周围的物体产生感应电荷。静电放电的时候，有可能产生电火花并有“噼啪”的声音，电荷积攒得越多，放电时电火花就越明显，声音也越大。

云彩是由许多小水滴和小冰晶组成的，它们在气流的作用下不断摩擦，也会积攒不同的电荷，当电荷积攒得足够多时，就会形成雷电。晴天时，天空中也会有云彩，只要条件满足，晴天也有可能出现雷电，因此，晴天霹雳是有科学依据的。

1. 静电经常会给人们的生活带来一些困扰，你能找出什么办法减少静电吗？

2. 同种电荷互相排斥，异种电荷互相吸引。可不可以利用电荷吸引和排斥的性质，设计并制作一个小玩具呢？

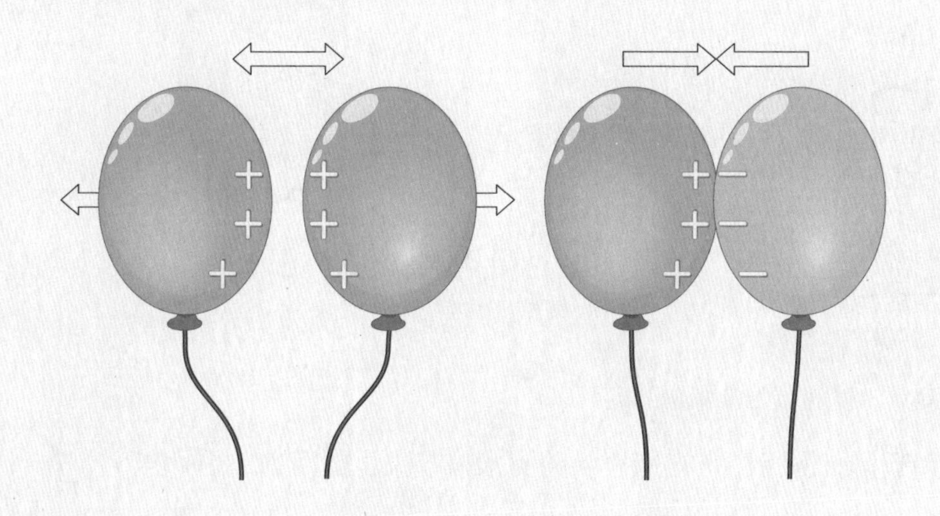

4 扬汤止沸

为什么热水能够止住沸水?

成语解读

扬汤止沸指的是把锅里烧的沸水舀起来再倒回去，想叫它不沸腾，通常比喻办法不对头，不能从根本上解决问题。

扬汤止沸的成语出自汉·枚乘《上书谏吴王》：“欲汤之沧，一人炊之，百人扬之，无益也；不如绝薪止火而已。”这句话的意思是：让热水凉下来，一个人不停地烧水，很多人拿瓢扬热水使之变凉，这些都没意义，不如抽掉锅下面的柴火，水自然会停止沸腾了。

问题来了

将锅中沸腾的水舀起后再倒进去，沸腾的水会停止沸腾吗？

沸腾是生活中时常可以见到的现象，我们在给水加热时，水温持续升高，就会产生大量气泡，继续加热，气泡越来越多，小气泡上升的速度也会越来越快。

当水温升高到 100 摄氏度时（但实际会受水的纯净程度、大气压等因素影响，通常不会到达 100 摄氏度），液态水会剧烈翻腾，迅速变成气态水（水蒸气），这个现象叫作水的沸腾。在标准大气压下，水的沸点是 100 摄氏度。

那么从沸腾的水里舀出水再倒回去，可以止住水的沸腾吗？下面我们来通过实验验证一下。

现在，开始动手实验吧

在接下来的实验中，我们将会探讨扬汤止沸的可行性，在实验前提醒小朋友们一定要注意安全。

实验准备:

炒菜锅或汤锅1个、舀水用的大汤匙和小汤匙各1支、适量水、电磁炉或炉灶。

实验步骤:

将水倒入锅中，将水烧开至沸腾后，然后舀出第一勺水并倒入锅中，观察一下。

当舀出第一勺水倒入锅中时并没有明显的现象，水还是沸腾状态，难道是成语说的不对吗？别着急，我们再多舀几勺水试试。

重复舀水倒入锅中的动作后，你会看到锅中气泡逐渐减少，锅中的水确实不那么沸腾了，看来，扬汤确实是可以止沸的！

可是汤沸腾了就意味着汤被加热到沸点了，用汤匙舀汤只不过更大范围翻滚汤而已，也没有往里加凉水，汤怎么就会暂时止沸呢？

是什么原因将沸腾的水舀起来再倒回去，就可以让水暂时不沸腾呢？

不停地扬汤说明需要舀出更多的水，才可以止沸。如果换一个大汤匙同样可以舀更多的水，会怎样呢？下面我们就试试！

1. 用大汤匙扬汤。
2. 用小汤匙扬汤。

注意：扬汤的高度要基本相同。

换了大汤匙舀水再倒回去，水翻腾得的确没有那么剧烈了。重复几次后效果更加明显，看来，多舀出一些水止沸效果会更好。汤匙大小对止沸现象会有影响，汤匙越大止沸效果越明显。

如果汤匙不变，把汤匙离水高一些，又会怎样？让我们再试试！

1. 汤匙离水面近一些扬汤。
2. 汤匙离水面远一些扬汤。

你发现没有？离水面远一些的扬汤止沸现象更加明显，也就是说汤匙离水越高止沸效果越好。

扬汤止沸是不是很有趣？你想到是什么原因将沸腾的水舀起来再倒回去，就可以让水暂时不沸腾了呢？

你发现了吗?

将烧开的液体舀起来再倒回的过程中加大了与空气的接触面积，使液体的热量更快散失。这一勺液体的温度自然而然就降低了，再倒回到原本的液体中，整个液体的温度就会随之降低。

这也是为什么舀起来的水越多，汤匙离水面越高止沸效果越明显的原因啦！

这些现象是沸腾吗？

生活中煮饺子、面条、粥时，加热到一定程度汤会溢出来，这也是沸腾现象吗？

其实是有所差异的，因为米、面里含有许多淀粉，在煮的过程中，淀粉会渐渐和水融合在一起，变成黏黏的糊状，与此同时，汤或粥里的水受热会变成水蒸气，产生一个个气泡，这些气泡被黏黏的淀粉包围着很难破裂，于是就越积越多，一层叠一层不断增高，当超过锅沿的时候就溢了出来。

1. 除了扬汤可以让水暂时不沸腾，你还想到什么办法，也能让水不沸腾呢？

2. 当你想喝水时，只有热水，为了能尽快喝到水，可以再准备一个空杯子，将热水倒入空杯中，来回倾倒，重复几次，就可以使水降温，很快喝到水了。你能用了解到的“扬汤止沸”中的科学知识尝试解释这个现象吗？

5 沧海桑田

大海和陆地有着怎样的联系？

成语解读

沧海桑田的意思是大海变成农田，农田变成大海，通常形容世事变化很大。这个成语也可以说成桑田沧海。

沧海桑田这个成语出自东晋葛洪的《神仙传·麻姑》："麻姑自说云：接待以来，已见东海三为桑田。"麻姑是中国传统文学中的一位女神仙，这句话的意思是东海从海变成陆地，再从陆地变成海，来来回回已经三次了！

"沧海"即大海。"沧海"一词公元二百年前就见于许多名著中，唐朝著名诗人李白在《行路难》中写道："长风破浪会有时，直挂云帆济沧海。” 宋代著名诗人苏轼的《赤壁赋》中有 “寄蜉蝣于天地，渺沧海之一粟”。“桑田” 指农田。见唐·韦应物《听莺曲》诗：“伯劳飞过声跼促，戴胜下时桑田绿。”

大海真的能变成农田吗?

在波澜壮阔的大海里，海水深不可测，里面生活着各种各样的海洋生物，如鱼类 、贝类、海藻等。

在陆地上有辽阔的平原、巍峨的高山。种上大片农作物，就是农田了，农田里生活着许多陆地上的动植物，如昆虫、鸟类、大树、庄稼等。大海变成农田，真的会有这么大的变化吗？我们可以通过实验来模拟一下。

太行山上的发现

如果大海能变成陆地、变成农田的话，在农田里会不会找到海洋生物的痕迹呢？如果真的能找到海洋生物的痕迹，那又是什么原因导致的呢？让我们一起来到我国的太行山，看看太行山上有没有海洋生物的痕迹。

太行山山脉大部分海拔在 1200 米以上，位于山西省与华北平原之间。山上大片农田，物产丰富，长满了油松、樟子松、漆树、板栗树等几十种珍贵的树木，有上千亩的野生连翘茶林，有党参、丹参、黄芪、柴胡、何首乌等 200 多种中药材。

太行山上动植物繁多，风景秀美，从古至今，有很多人到太行山上考察、游玩。在北宋时期，有位叫沈括的科学家，有一次，他在太行山巡察途中，发现了山岩中有大量海洋动物生活过的痕迹，不仅有鱼类的化石，而且还有贝类的化石。

太行山这么高，却发现了海洋生物的化石，说明这里曾经是大海。大海怎么就变成了高山、变成了农田呢？

现在，开始动手实验吧

在接下来的实验中，我们用材料来模拟海底，看看怎样才能让它们变成陆地、变成高山。

实验准备：

塑料泡沫、纸板、毛巾等。

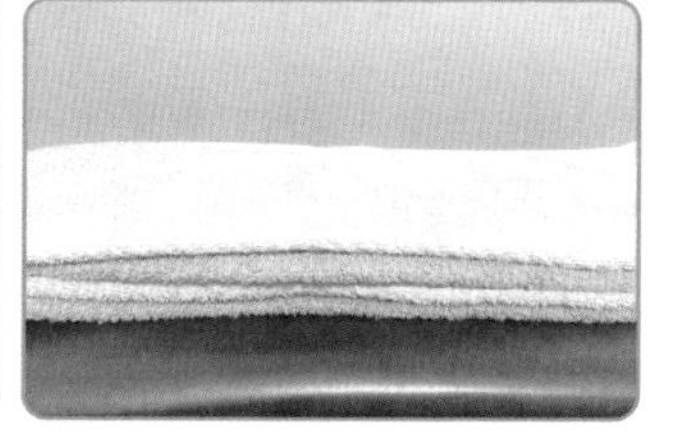

实验一步骤：

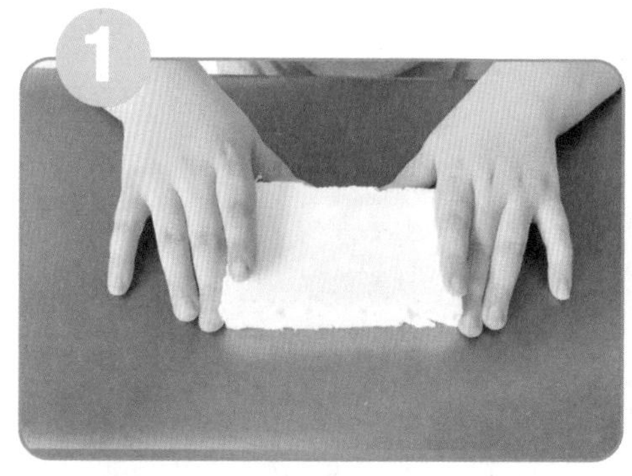

用塑料泡沫模拟海底，双手用力从外向里推塑料泡沫两端，看看会有怎样的效果？

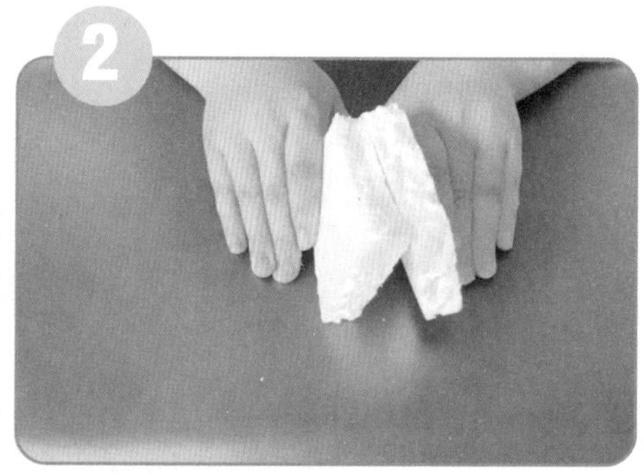

塑料泡沫出现断裂了，一端被顶起来，好像高高的山脉。

实验二步骤：

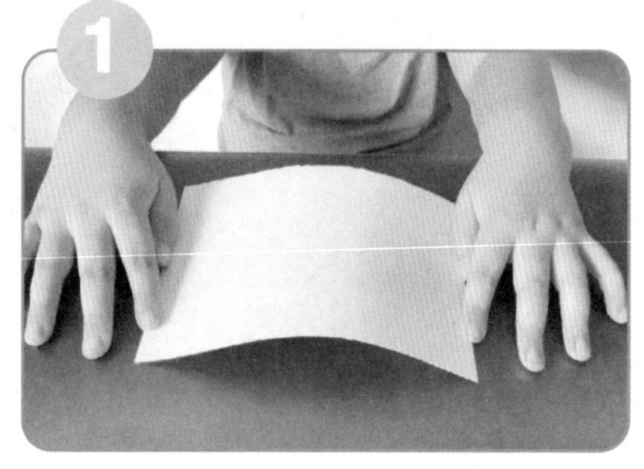

再用纸板模拟海底，用力挤纸板两端。

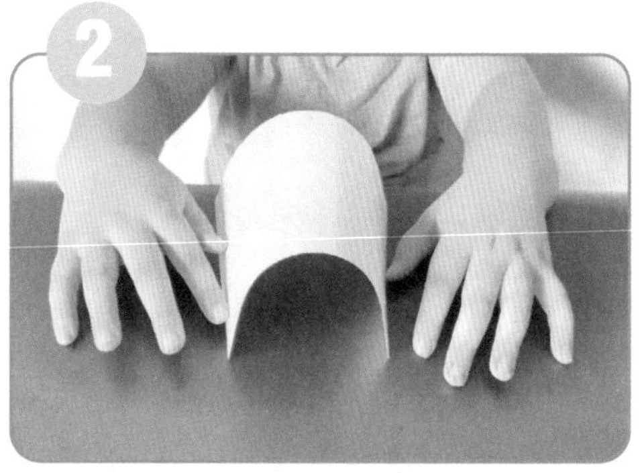

纸板虽然没有断裂，但是纸板中间隆起，也好像高高的山脉。

如果被挤压的范围更大，会出现什么现象呢？为了方便操作，我们用毛巾来试试。

实验三步骤：

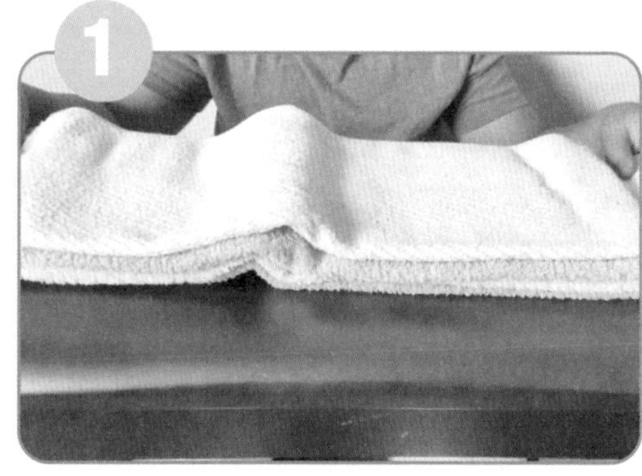

用毛巾模拟海底，用手按住毛巾两端，向里用力推。观察毛巾出现了什么现象？

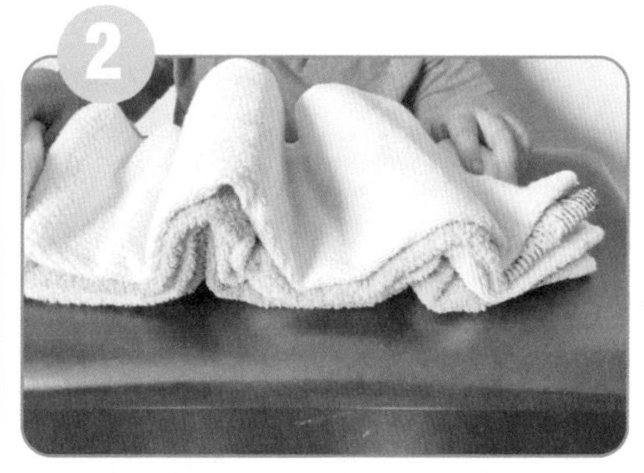

可以看到，毛巾有的地方隆起，有的地方凹陷，变得高低不平了，隆起的地方像山脊，凹陷的地方像峡谷。

你发现了吗?

用力去挤压塑料泡沫、纸板或毛巾，它们会发生变形，隆起或凹陷，甚至断裂、错位。也许海底地壳内部也有一种力量，使地壳受到挤压，也会隆起或凹陷，甚至断裂、错位，形成山脉和峡谷，海底的生物被埋藏在地层当中，随着地壳的隆起，海洋生物的化石被带到了陆地上。

看来，沧海不仅真的会变成陆地，有的陆地被人们种上各种农作物，就形成了农田。这个变化真是非常巨大呀！

地球板块的运动

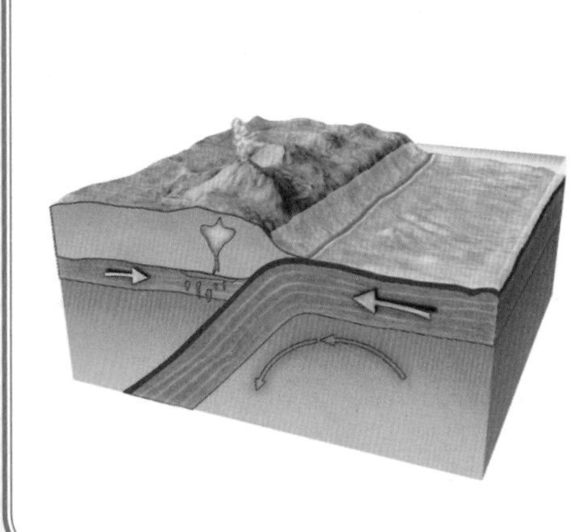

板块学说认为，由岩石组成的地球表层并不是整体一块，而是由板块拼合而成。全球大致分为六大板块，各大板块处于不断运动之中。板块与板块交界的地带，地壳比较活跃。地质学家估计，大板块每年可以移动 1~6 厘米的距离。这个速度虽然很慢，但经过亿万年后，地球的海陆面貌就会发生巨大的变化。

当两个板块逐渐分离时，在分离处即可出现新的凹地和海洋；当两个坚硬的板块发生碰撞时，接触部分的岩层还没来得及发生弯曲变形，其中有一个板块已经深深地插入另一个板块的底部。由于碰撞的力量很大，插入部位很深，把原来板块上的老岩层一直带到高温地幔中，最后被熔化了。而在板块向地壳深处插入的部位，即形成了很深的海沟。

1. 你还知道哪些地方发生过“沧海桑田”的变化？

2. 你能否用类似的方法证明农田也能变成大海？

3. 在自然界中，地壳这么坚固，又是什么力量让地壳发生如此巨大的变化呢？

6 作茧自缚

为什么蚕要“为难”自己?

成语解读

作茧自缚说的是蚕吐丝作茧，把自己裹在里面，通常比喻做了某件事，结果使自己受困，也比喻自己给自己找麻烦。

作茧自缚出自唐·白居易《江州赴忠州至江陵已来舟中示舍弟五十韵》一诗：“烛蛾谁救活，蚕茧自缠萦。”大意为：飞蛾飞向烛火，谁来救活它；蚕吐丝作茧，把自己裹在里面。宋代诗人陆游也在《剑南诗稿·书叹》一诗中写道：“人生如春蚕，作茧自缠裹。”

问题来了

蚕真的会做个茧让自己陷入困境吗？它为什么要这么做？

“聪明伶俐白姑娘，自己动手盖新房。新房造的真灵巧，可惜门窗都没造。”

相信这个谜语大家都不陌生，谜底就是“蚕”，谜语中没有门窗的新房指的就是“茧”，人们养蚕并将蚕做的茧作为原材料制作丝绸。

丝绸之路的由来

中国是世界上最早养蚕、制丝的国家，距今至少有五千年历史。

而在两千多年前，中国人制造的丝织品传到欧洲，那里的人非常喜欢如此漂亮而又柔滑的布料。随着贸易的发展，急需要一条道路贯通中西方。

西汉时，汉武帝派张骞带队，开辟出了一条运送丝织品的路，这条路称作丝绸之路。可以说，蚕和茧对于人类的历史、文化、经济等方面贡献非常巨大。

很多昆虫生长过程里好像都需要一个蜕变的过程，蚕茧会不会在其中起着什么作用呢？蚕茧真的没有小窗户吗？那蚕作茧后会不会困死自己？

带着这些问题，让我们通过下面的观察实验来寻找答案吧。

现在，开始动手实验吧

接下来的实验需要进行数周时间，我们可以观察到蚕的一生，非常有趣。

实验准备：

蚕卵若干、新鲜的桑叶。

实验步骤：

蚕的一生从蚕卵开始，所以我们首先观察蚕宝宝破壳而出的情况，这时可以借助放大镜观察。

1

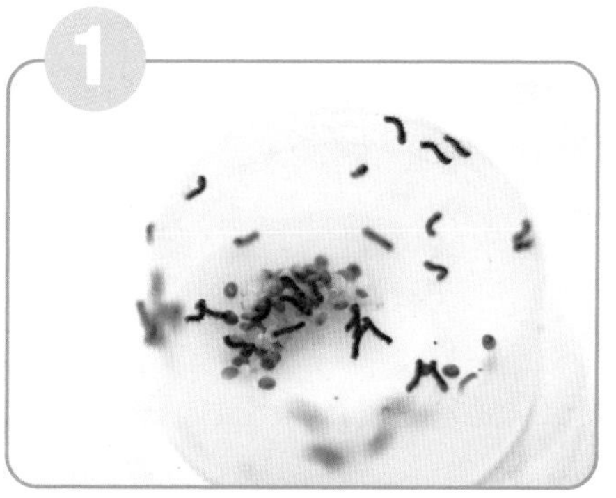

刚出生的蚕是黑色的，像蚂蚁一样，所以叫作蚁蚕。

2

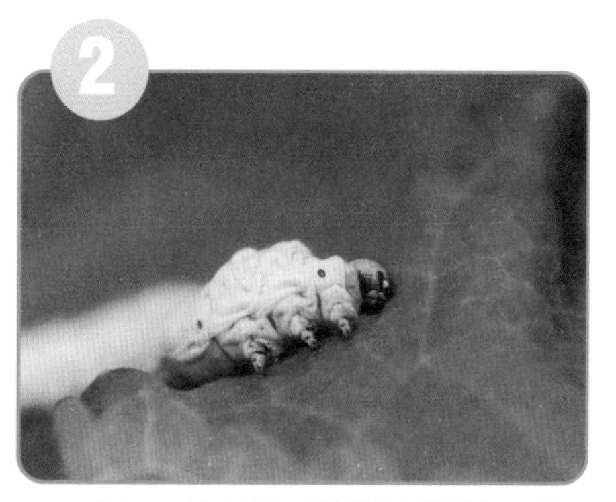

蚕一出生就不停地吃桑叶，随吃随长，随长食量也在增大。

3

接下来你会发现，蚕宝宝吃几天桑叶后，会昂着头不动，这是要蜕皮了。

蚕一生要经历 6 次蜕皮，每蜕一次，颜色就变淡一点，直至变成了白色。

蚕长到 7 厘米左右后就会逐渐不吃桑叶了，浑身通明透亮，接下来它要做什么呢?

4

茧上有没有小窗口呢?

蚕真的作茧自缚了！它为什么要这么做?

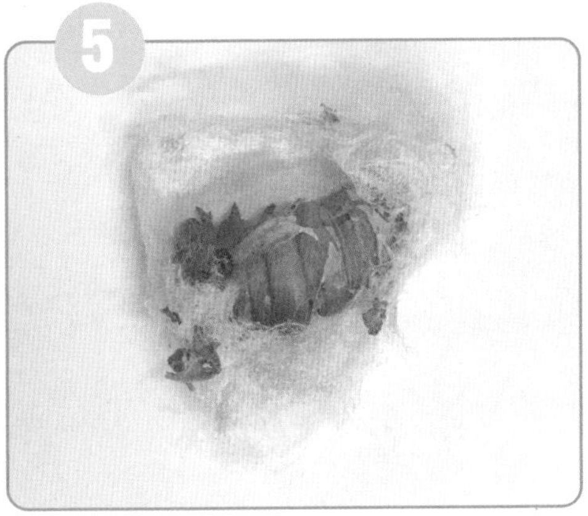

5

再继续观察 2~3 周。

蚕在茧中是什么样子? 这对我们理解蚕为什么要做茧会有帮助。

我们可以剪开一个茧仔细观察一下。

原来蚕茧困不住蚕，它在里面睡得很安稳！变成蛾破茧而出又让我们拥有了好多蚕卵，明年继续养蚕！

你发现了吗？

蚕的一生要经历卵、幼虫、蛹、蛾四个阶段。从蚕卵开始 30 天左右蚕就会作茧，但这绝不是把自己困住的做法，而是为保护自己安稳地“睡上”15 天自己建造的“温馨小屋”。

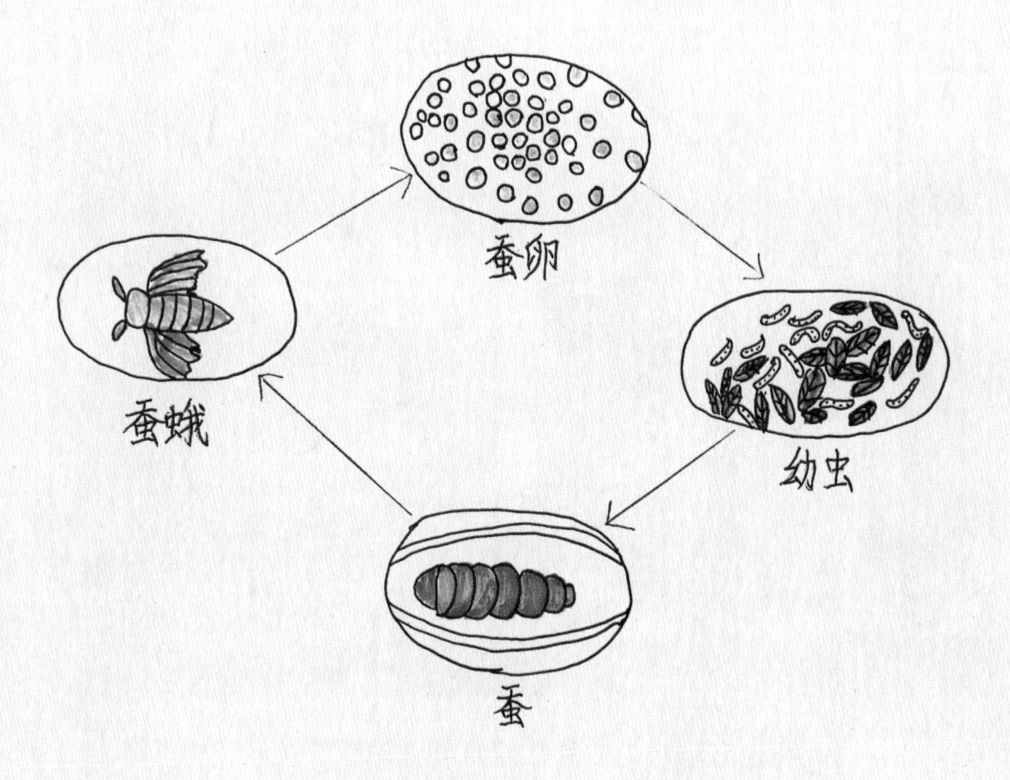

约 15 天后，蚕会变成蛾破茧而出，进行交配并产卵繁殖下一代。

开动脑筋想一想

1. 我们如何让蚕不做茧，而是做出一块“丝绸”呢？（提示：蚕只要找不到支撑的角落）

2. 如何将蚕茧制作成丝绸呢？你可以调查了解一下丝绸制作工艺，尝试简化流程试着做一做。

7 南橘北枳

橘与枳是同一种植物吗？

成语解读

南橘北枳指的是把南方的橘移植到北方就会变成枳，比喻同一物种因外界环境的改变而发生变异。

南橘北枳最早出自《晏子春秋·内篇杂下》：“橘生淮南则为橘，生于淮北则为枳，叶徒相似，其实味不同。所以然者何？水土异也。”

这段话的意思是，生在淮河以南的是橘，淮河以北的是枳，看上去很相似，但味道不同。为什么会这样呢？是因为南北水土不同。

问题来了

橘与枳是同一物种吗？它们的差异是因为生存环境不同造成的吗？

古人认为橘和枳是同一物种，味道却不同，但我们仔细观察后就可以发现，橘与枳的叶、茎、花等器官外形初看起来相似，实则不同。两者果实的形态特征存在很大的差异，味道也不同，橘果实酸甜可口而枳果实极苦。古人认为产生这些差异的原因，是它们生长的水土不同。那么，同一物种，当生存环境不同时植物的形态特征会发生变化吗？

现在，开始动手实验吧

接下来的实验中，我们将会用仙人掌模拟植物生长在不同环境下的场景，并观察它的生长变化。

实验准备：

软刺仙人掌、植物营养液、花盆、土等。

实验步骤：

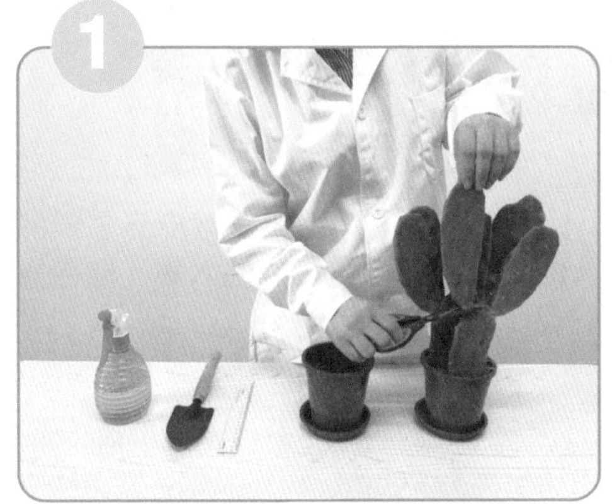

选取一株生长良好的软刺仙人掌，从上面取一瓣成熟的仙人掌叶片，掰下之后先放到半阴处晾干。

等待六天后切口干燥收缩，将其扦插到土壤中，深度约3厘米，将根部轻轻压实，扦插后不可立马浇水。

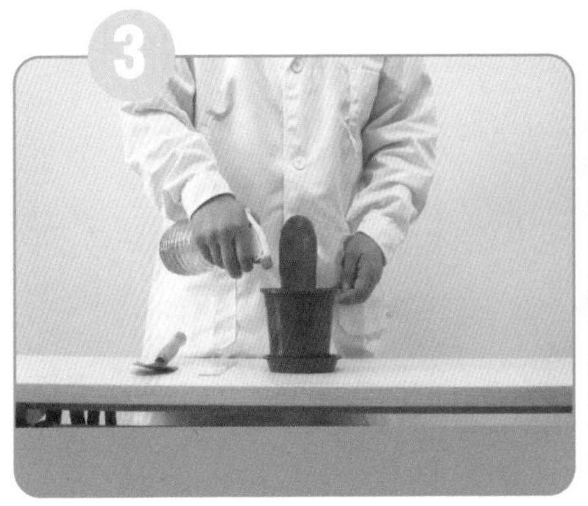

一周后再适量浇一些水，稍稍湿润就可以，一个月后扦插的仙人掌会生根。

将原来的那盆仙人掌放在阳光充足的户外。

另一盆扦插成功的仙人掌放到阳光不够足的室内窗台上。

一年后，再比较观察户外生长的仙人掌和室内生长的仙人掌，你会发现什么？

经过观察，我们同样会发现它们的生长状态不同，但形态特征是几乎相同的。

通过观察实验可以看出，同一物种当生存环境不同时，植物的生长状态会不同，但形态特征不会改变。

那么，橘和枳的形态特征存在差异，到底是什么原因呢？

橘和枳并不是同一物种

从橘和枳的起源以及历史演化来看，在生物学分类上，橘和枳分属于芸香科植物的柑橘属和枳属，两者具有一定的亲缘关系。

从芸香科的进化历史可以看出橘和枳有着共同的祖先，两者在几百万年前就出现了分化。从共同祖先继承来的性状，显示出了形态的相似性，物种分化形成了各自独立的种群，为了适应各自的环境，产生了具有一定差异的两个物种。

这两个物种以抗寒为主的环境适应能力差异决定了其地理分布上的差异。总体来看，枳在淮河的南北均有分布，并不遵守“枳生淮北”的规则。但是橘在淮河流域的分布几乎没有跨越淮河，从这个角度说“橘生淮南”有一定的道理。

你发现了吗？

橘和枳属于不同物种，橘与枳的差异遗传基础是最根本差异，而植物对环境的适应性不同造成了物种的分化，显示出地理分布上的差异。

虽然南橘北枳充分体现出晏子的能言善辩，生动形象地阐述了深刻的哲理，然而其描述的自然现象却缺乏一定的科学性。

1. 除了橘和枳，你还能列举出来哪些看上去很相似的水果或蔬菜吗？

2. 根据联合国教科文组织和粮农组织不完全统计，我国盐碱地的面积高达 9913 万公顷，而适合在盐碱地生长的植物非常有限。你能想出哪些办法把稻子或小麦也种植到盐碱地中去吗？

8 沉李浮瓜

为什么比李子重的西瓜能在水中上浮？

成语解读

沉李浮瓜的意思是指吃在冷水里浸泡过的李子和西瓜，通常用来描述夏天避暑的生活。

沉李浮瓜的成语出自三国时代魏·曹丕《与朝歌令吴质书》：“浮甘瓜于清泉，沉朱李于寒水。” 意思是夏天吃水果之前，可以把瓜放在泉水中，李子放于冷水里，这样吃起来就很凉爽。

有意思的是，人们把瓜果放冷水中浸凉后食用时，发现很重的西瓜在水中上浮，而很轻的李子却下沉。

为什么小而轻的李子在水中下沉，大而重的西瓜却上浮呢？

日常生活中，我们经常能看到小而轻的物体浮起来，大而重的物体沉下去，但是按照成语的说法，大而重的西瓜浮起来，而比西瓜小、轻的李子却沉了下去。难道真的是大而重的物体容易浮起来，小而轻的物体会沉下去吗？

到底什么样的物体会上浮，什么样的物体会下沉？

现在，开始动手实验吧

接下来，我们通过实验来进行验证，看看情况是否和成语描述的一样。

实验准备:

西瓜1个、李子若干、水盆和水、网兜2个、称重器、不同颜色的绳子3根。

实验步骤:

1

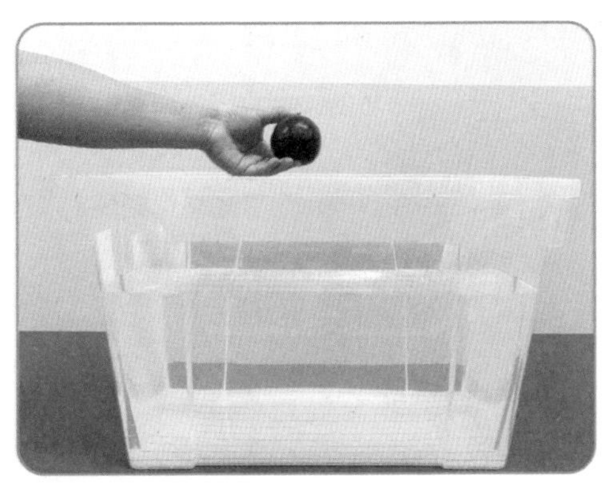

把1个李子和1个西瓜分别放入盆中，然后观察它们在水中的情况。

你看到了吗？更小、更轻的李子放入水中之后会沉下去，所以并不是小而轻的就上浮。而更大、更重的西瓜放入水中浮了起来，所以并不是大而重的就下沉。

难道是大而重的物体会上浮，小而轻的会下沉吗？那我们就让李子和西瓜一样重，看李子会不会上浮？

接下来，我们将与西瓜相同重量的李子放入水中，并用彩线记录水面变化的情况。

3

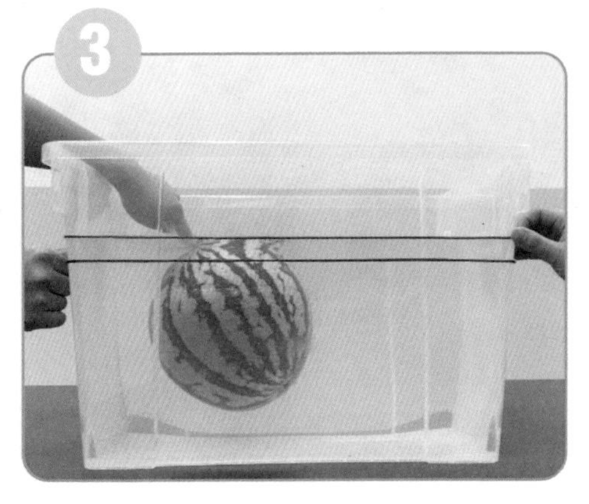

西瓜放到水中依然漂浮起来，水面从蓝线处上升到红线。

李子放到水中依然下沉，而水面上升到黄线处，说明相同重量的李子的体积会比西瓜小一些。

所以根据实验，我们可以推测，不同的物体放入水中，浮沉的情况与重量和体积有关。而且发现无论大小和轻重，只要是李子都会下沉，只要是西瓜都会上浮。

密度是什么？

其实物体的沉浮情况与物体本身的密度有关。每种物体都有自己的密度，计算的时候，密度等于物体的质量与物体的体积之比，它的常用单位是 kg/m^3 或 g/cm^3。

相同体积的铁块和木块，铁块的质量比木块大，这是因为铁块与木头相比，铁块更致密，铁块的密度更大。

历史上，阿基米德还利用密度帮助国王解决了难题，我们来看看这是怎么回事。

国王命令金匠做一顶纯金的王冠，王冠虽然与当初交给金匠的金子一样重，但他还是疑心王冠并非纯金，就请阿基米德来判断。

阿基米德冥思苦想，却无计可施，于是他便洗澡放松一下。他坐进澡盆，看到水往外溢，感到身体被轻轻托起。他发现问题的关键在于密度。如果王冠里面含有其他金属，它的密度会与金子不同，在质量相等的情况下，它和金子的体积就是不同的。

他把王冠和相同质量的金子放进水里，结果发现王冠排出的水量比金子的大，这表明王冠密度比金子小，王冠是掺假的。

你发现了吗?

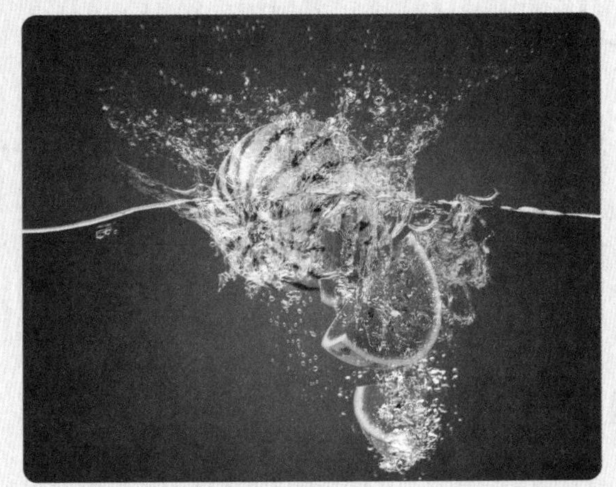

物体在水中的沉浮情况与物体本身的密度和水的密度有关。当物体密度小于水的密度（1 克 / 厘米^3）时，物体浮起来；当物体密度大于水的密度时，物体会下沉。

李子的果肉密集，密度（约为 1.2 克 / 厘米^3）比水大，所以在水中会下沉；西瓜内部有空心部分，果肉松散，密度（约为 0.9 克 / 厘米^3）比水小，所以西瓜会上浮。

1. 想想看，你有什么办法，能做到“沉瓜浮李”吗？

2. 取体积相同的空心球和装有石头的球，同时放入水中，观察它们的浮沉情况。然后想一下为什么它们在水中的位置不同？

9 覆水难收

如何才能把泼出去的水收回来？

成语解读

覆水难收这个成语是指倒在地上的水难以再收回，通常比喻已成事实的事难以挽回。

覆水难收成语出自《后汉书·何进传》：“国家之事易可容易？覆水不收，宜深思之。”意思是国家大事哪有那么容易，就像泼出去的水很难收回去，需要深度思考才行。

提到覆水难收，有一个有趣的故事。

话说商朝末年，有个足智多谋的人物，人称姜太公，在他落魄时，妻子马氏嫌他穷，便离他而去。

后来，姜太公过上了富贵的生活，马氏懊悔当初离开了他，便找到姜太公请求与他和好。此时，姜太公便把一壶水倒在地上，叫马氏把水收起来。马氏赶紧趴在地上去取水，但只能收到一些泥浆。

于是姜太公冷冷地对她说："你已离我而去，就不能再合在一块儿。这好比倒在地上的水，难以再收回来了！"

难道泼出去的水真的收不回来了吗？

水被倒在土地上后，会与土混合在一起，即使我们迅速从地上取回来，也只能得到一些泥浆。我们能不能想想办法，把泥浆里的水和土分开，再把水取回呢？在找到方法之前，我们需要先了解水的三种常见状态。

水的三种状态

在生活中，固态的冰、液态的水和空气中看不见的水蒸气是水的三种存在状态。水结冰和冰融化成水是我们熟悉的现象。

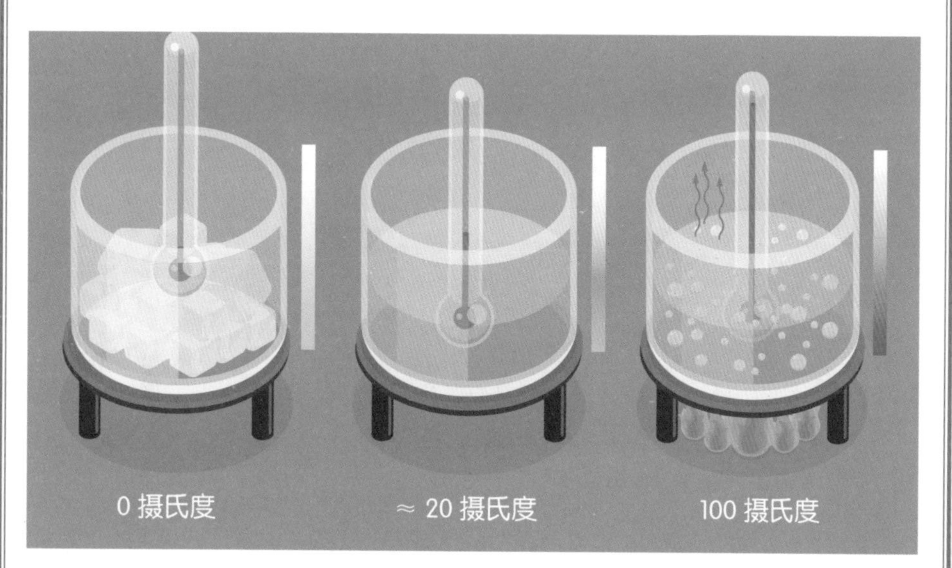

水从液态转化为气态的水蒸气“跑”到空中有两种情况，一种是蒸发现象，蒸发比较缓慢，发生在水的表面；另一种是沸腾，需要将水加热到一定温度（通常是 100 摄氏度），水会剧烈翻腾起来，迅速变成水蒸气跑到空气中。水蒸气在上升过程中遇冷后会凝结又变成小水珠。

你能从水不同状态之间的变化中受到一些启发吗？

如果我们把水结成冰，再融化成水能不能把水收回来呢？把泥浆冷冻，等到冰融化后又恢复到泥浆的初始状态，看来这个方法不行。还有别的方法吗？

妈妈在炒菜时，掀开锅盖会有水珠滴下来，这是菜里的水分变成水蒸气，再凝结成水吧！

那么如果我们把泥浆中的水变成水蒸气，再凝结成水收回来呢？我们可以像炒菜一样，加热泥浆，在泥浆上方放一个金属盖，看看能不能有效。

现在，开始动手实验吧

在接下来的实验中，我们将会通过实验来从泥浆中“回收”水，你做好准备了吗？

实验准备：

铁架台、酒精灯、火柴、石棉网、空烧杯、金属盒、冰块、搅拌棒、夹子。

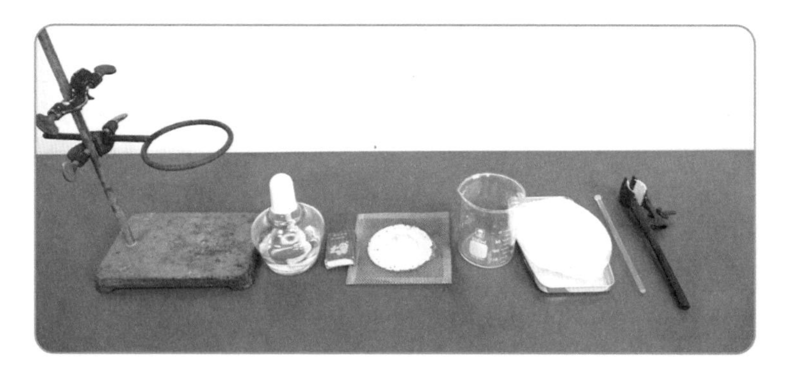

实验步骤：

1 将 500 毫升的水倒在地上，然后迅速取出泥浆，装入烧杯中。

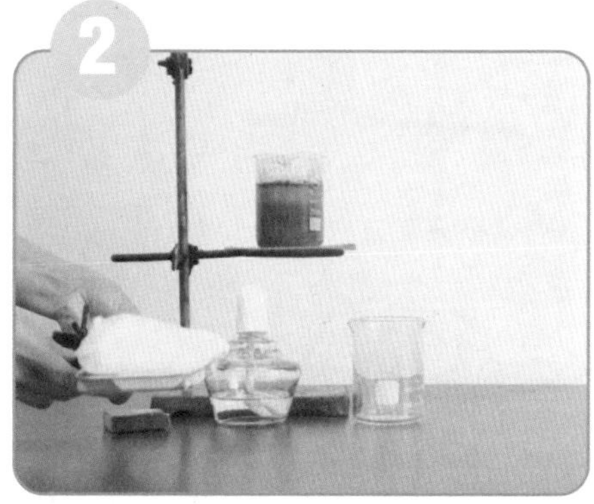

2 将石棉网，装有泥浆的烧杯分别放在铁架台上。

3

点燃酒精灯，将酒精灯放在铁架台上，用搅拌棒搅拌泥浆。

⚠ 特别提醒：注意用火安全，小心烫伤，请勿独自操作！

4

当看到泥浆上方有“白气”产生时，在烧杯上方用支架固定放置一个金属盖。

5

金属盖上放一些冰块，可以使水蒸气快速凝结为液态水。为了防止冰块融化后有水滴落到下面，你可以用塑料袋把冰块装起来。

6

过约十几分钟的时间，细心的你会观察到金属盖下方有水珠产生，此时，将金属盖稍微倾斜一个角度，在倾斜角的下方放置空烧杯，以便接住金属盖上流下来的水。

观察空烧杯收回金属盖下方滴下来的水珠，一滴、两滴、三滴…… 相信看到收回来水的你肯定很开心吧！

经过约两小时，我们可以看到水慢慢地收回到下方的空烧杯里，泥浆也变得越来越干，还可以闻到有一股土地的味道呢！

最后，我们可以对比一下倒出前和收回来后的水各是多少，看看我们收集到了多少水。

7

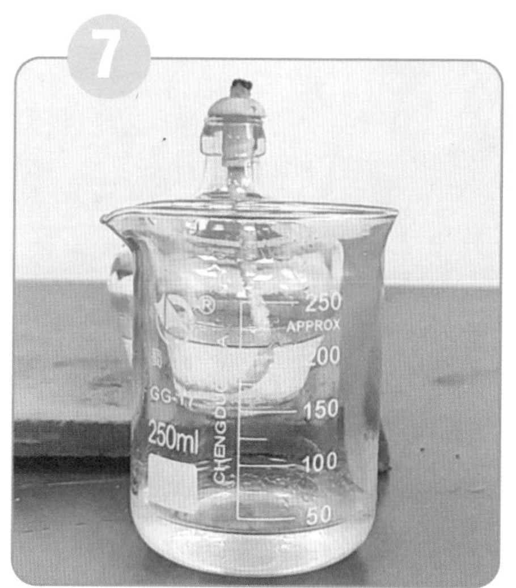

你发现了吗？

通过实验我们得出结论：泼出去的水是可以收回来的。收回来的水大多数是通过水沸腾变成水蒸气再遇冷形成的凝结水，但收回来的水比泼出去的少了很多，因为有一部分水蒸气散发到空气中，有一部分凝结水附着在容器内壁无法收回。这就是覆水难收真正的“难”处吧！

覆水“难”收也提醒我们，在做事情的时候，一定要三思而后行，充分考虑后果，否则会追悔莫及。

1. 在生活和工业中，水变成水蒸气后，通过蒸汽凝结水的回收，可以得到循环利用，有效节约了水资源，而且，蒸汽凝结水还有余热可以利用。查资料，做个小调查，看看你周围这种回收水有哪些应用？

2. 从哪些方面入手改进实验方案可以回收到更多的水呢？减少水蒸气散失，充分回收凝结水……

10 风起云涌

风和云之间有着怎样的联系？

成语解读

风起云涌描述的是大风刮起，乌云随之突然涌现的自然景象，通常形容事物发展迅速，声势很大。

风起云涌这个成语出自汉·司马迁《史记·太史公自序》：“诸侯作难，风起云蒸。” 这句话的意思是说诸侯相继造反，如同风起云涌般。清代文学家唐梦赉为蒲松龄所著的《聊斋志异》作序时写道：“下笔风起云涌，能为载记之言。”他用“风起云涌”来称赞蒲松龄写作的速度很快。

突然涌现的云层是被大风刮来的，还是随风生成的？

生活中，不知道你注意到没有，在刮风的时候，天空的云彩有时候是多变的。那么这些忽然涌现的云层，是大风将其他地方的云吹过来？还是突然产生出来的？我们先来了解一下云和风是如何产生的吧。

云和风是如何产生的？

云的生成与水蒸气和水的相互变化有关系。水蒸气是水的气体状态，看不见也摸不着，是江河湖海表面的水分子不断运动，一部分跑到空气中形成的，温度越高，水分子运动就越剧烈，形成的水蒸气就越多。

空气中的水蒸气向上飘，在上升的过程中，水蒸气遇冷空气会发生变化，变成液态的小水珠，小水珠可以反射太阳光，看上去不再是透明的，而呈现白色，就是我们可以看到的云。如果刮来冷风，空气中的水蒸气还会加速变成小水珠。

而风的形成与空气的流动有关。由于热空气会上升，冷空气补充过来，这样空气就会流动起来，于是就会有风的形成。一般来说，热空气上升后留下的区域会刮来风，刮来的风一般都比这里温度低一些。

如果真的是这样，就会出现随风加速产生的云了。可是我们怎样才能用实验来证实呢？

现在，开始动手实验吧

在接下来的实验中，我们将会在无风状态下和有风状态下，模拟云的形成，并探讨两者的关系。

实验准备：

透明水槽1个、水、冰块、电风扇、电子湿度计。

实验步骤：

我们首先来进行无风状态下的观察实验。在水槽中加入高于常温的水，能够加快水蒸气的形成。

为了观察水槽内水蒸气的变化，可以在水槽内侧固定一个湿度计。

加入50摄氏度热水观察现象，可以看到在水槽内部开始不断产生白色雾气，这些白色的雾气就是由水蒸气遇冷形成的小水珠聚集成的。

持续观察，湿度计读数上升，从61%上升到66%经历了4分钟。

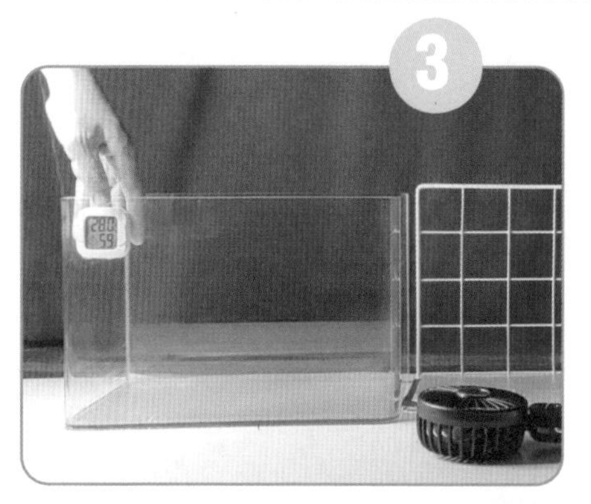

接下来，为了制造冷空气，我们将一块冰块，放在水槽上方，用风扇向水槽里面吹冷风。水槽中会发生什么变化？我们同样将湿度计固定在水槽内。

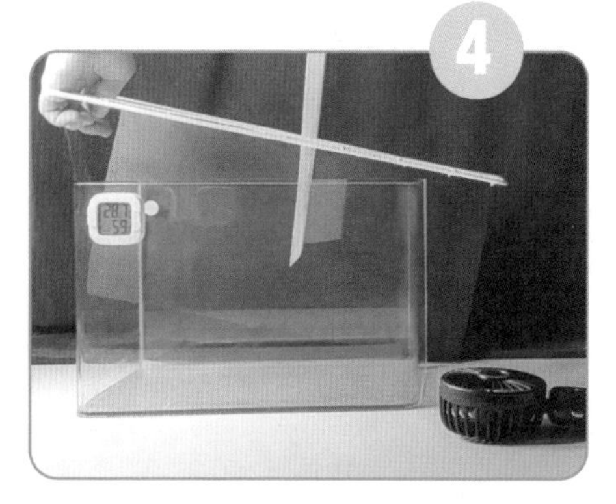

然后将塑料板固定在支架上，将支架放在水槽上，黑色卡纸作为背景、塑料板将水槽上方空间分隔开。

接下来倒入 50 摄氏度热水，打开风扇，放上冰块，观察水槽内的实验现象。

通过实验，我们可以看到在冷风的吹送过程中，水槽中涌现出更多白色的小水珠，湿度计的读数不断升高。在吹冷风实验过程中，湿度计读数上升，从 62% 上升为 68% 仅用了 2 分钟的时间。

对比实验数据我们可以发现，水槽内湿度上升的速度有了明显的不同。在吹冷风的实验中，水蒸气的形成速度要比在无风的实验中快很多，说明冷风加速了水蒸气的形成。这就是自然界中风起云涌的原因。

你发现了吗？

大风刮起，就会给空气降温，冷空气较重，下沉到水面，加速推进水蒸气向上，因此冷空气的到来，会加速水蒸气的形成，水蒸气上升遇冷就变成了小水珠，大量聚集成云。风起云涌，就是这个原因。

开动脑筋想一想

1. 我们常会看到一些盆景，盆景的最下面是一个石头做的大水盆，里面有水，上面是一座假山，潺潺的水流到水盆中。而水面上雾气缭绕，像仙境一样。那么，我们怎样能制造出雾气缭绕的效果呢？

2. 透过实验，我们了解到了云的形成，那么，你还能用科学知识来解释一下雨、雪是怎么形成的吗？

11 积羽沉舟

漂浮能力强的羽毛能让船下沉吗？

成语解读

积羽沉舟的意思是羽毛虽轻，但堆积多了也能把船压沉，常比喻小患不及时消除，发展下去可能酿成大的灾难。

积羽沉舟这个成语出自《战国策·魏策一》：“臣闻积羽沉舟，群轻折轴，众口铄金 ，故愿大王之熟计之也。”大意为：羽毛虽轻，积多了也能把船压沉；东西虽轻，积攒多了也能把车轴压断；舆论力量大，连金属都能熔化，所以希望大王能够谨慎制定策略。

漂浮能力很强的羽毛真的能使船下沉吗？究竟是怎么做到的呢？

在生活中，人们往往会利用漂浮能力强的物品，如塑料泡沫使下沉的物体浮起来，利用下沉的物品，如石头、钢铁把漂浮的物体沉下去。

你一定听说过曹冲称象的故事吧。曹冲记录大象使船下沉的程度，然后利用沉甸甸的石头也使船下沉到相同的水位线，通过称量石头的重量获取大象的重量。

曹冲称象时是将石头置于船内，而我们游泳时是将漂浮材料固定在身体外。那我们所理解的“积羽沉舟”是将羽毛置于船内吧？那么，是不是将羽毛置于船内和挂在船外会有不同的效果呢？

但是羽毛比木头还要轻，跟塑料泡沫似的轻到我们几乎感觉不到它的重量，它怎么会让船沉下去呢？让我们通过实验来证明一下吧。

现在，开始动手实验吧

在接下来的实验中，我们将会模拟羽毛对船的影响，不过由于羽毛不便操作实验，我们可以用塑料泡沫小球来替代。

实验准备：

小船模型（可用塑料盒替代）、塑料泡沫小球若干个、水、划线笔。

实验步骤：

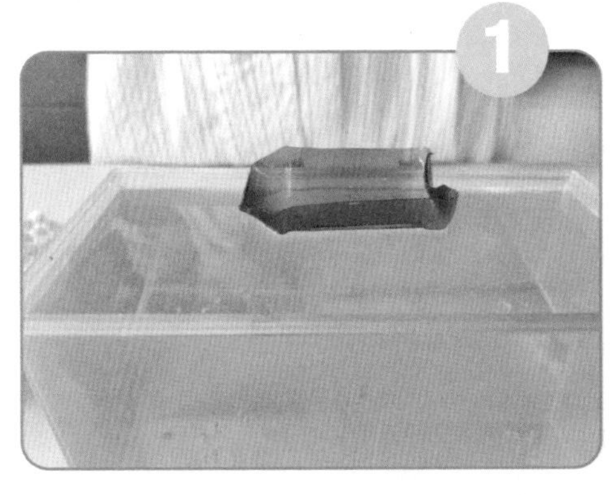

把小船模型浮于水上，划线记录水位。

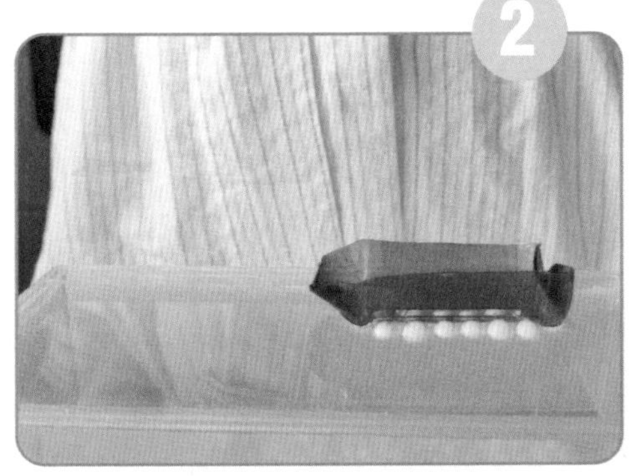

将塑料泡沫小球粘在船的四周，注意小球的位置不要超过水位线。

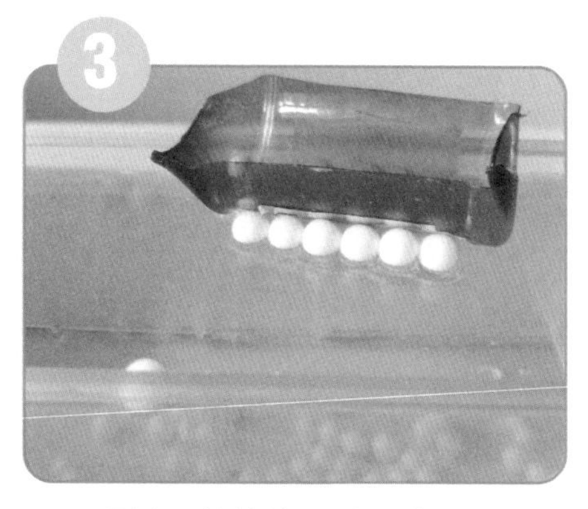

通过水位线的比较，我们可以观察到小船的确上浮了。

那么，我们将塑料泡沫小球置于船内，是否真的可以使小船下沉呢？我们将船内装满塑料泡沫小球，再看一下。

通过水位线的比较，我们可以观察到船下沉了一些。

接下来，装多少塑料泡沫球才能导致“沉舟”呢？我们继续往船上放置小球。

你注意到了吗？球已经装不下了，小船依旧没有沉没，但是我们能看出船比之前更下沉了。

小船装满塑料泡沫小球后，我们根据所用小球数量和船下沉的幅度，可以推算出再装多少个小球能使水淹没小船，导致沉舟。

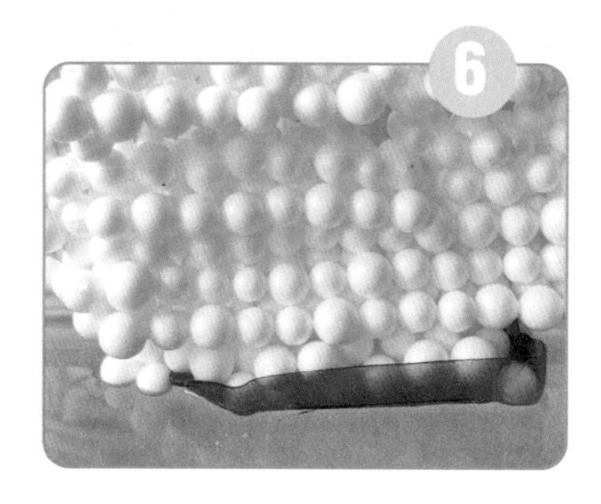

你发现了吗？

任何物体受到地球引力的作用，都会具有一定的重量。当船自身的重量小于所受水的浮力时，船就会漂在水面上。往船里装任何物体都会增加船整体的重量，当船整体重量大于所受水的浮力时，船就会下沉。

羽毛虽轻但也有重量，船内装够一定量的羽毛就会使船的整体重量大于所受水的浮力，就会造成沉船。

与此同时，塑料泡沫球、羽毛等这类材料，由于它们自身重量小于所受水的浮力，因此，它们可以浮于水面。正因为如此，人们也利用这些漂浮材料使本来下沉的物体浮在水面。

1. 羽毛有些能漂浮在水面上，而有些也会沉，甚至漂浮在水面的羽毛也有可能因为吸水后沉入水底，因此，船上装羽毛，都可能会有哪些结果呢？

2. 空气也有重量，为什么鱼的鱼鳔充气后会使鱼上浮而不是下沉呢？

12 飞蛾扑火

飞蛾真的是为了追求光明去扑火吗？

成语解读

飞蛾扑火的意思是飞蛾扑到火上，比喻自寻死路，自取灭亡。

飞蛾扑火这则成语出自《梁书·到溉传》：“如飞蛾之赴火，岂焚身之可吝。”大意为：就像飞蛾那样为了光明赴入火中，怎么会吝啬被焚烧的身体呢。

飞蛾真的会扑火吗？ 难道它们不知道这样做，会对它们的身体造成伤害吗?

夏季的夜晚，飞蛾总会向着明亮的地方飞来飞去，哪怕前面是一盏路灯、一根燃烧的蜡烛、一个打开的手电筒、一堆燃烧的柴草，它们都会义无反顾地扑进去，即使翅膀受伤了，甚至失去生命了，它们也全然不顾。

飞蛾是喜欢光吗？还是去有光的地方寻找食物？难道它们不知道这样做会对它们的身体造成伤害吗？我们还有很多想法，这些是不是飞蛾扑火的真正原因呢？我们可以先调查资料了解一下飞蛾。

蛾属于鳞翅目昆虫，蛾多数在夜间活动，蛾大多是夜行性动物，这说明蛾不是因为喜欢光而飞来飞去。蛾是虹吸式口器，主要靠吸食植物的汁液为食，它们不会到路灯下去捕食小飞虫。

真是不可思议，那飞蛾为什么会扑火呢？下面，我们通过观察实验来寻找答案。

现在，开始动手实验吧

为了探寻飞蛾扑火背后的原因，我们需要到户外进行观察，并做好记录。你准备好了吗？

实验准备：

智能手机1部、三脚架1个、充电宝1个。

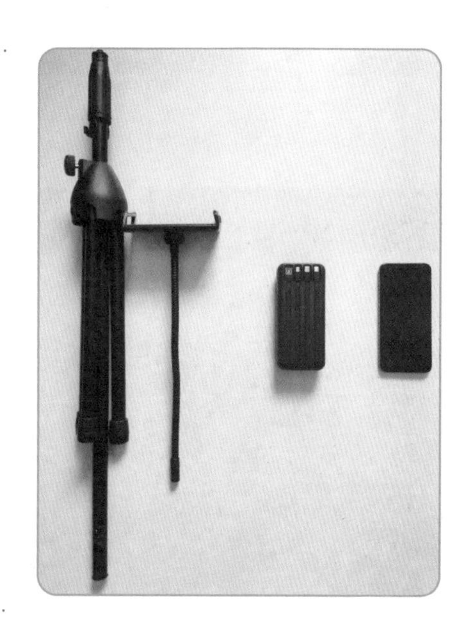

拍摄地点：

北京市门头沟区妙峰山镇下苇甸村永定河畔

实验步骤：

1

到达选定的户外观测地点。

在观察地点将智能手机固定好准备观察记录。

提示：拍摄时请和设备保持一定距离，不要进入到飞蛾的飞行轨迹里。

接下来开始拍摄飞蛾的飞行（10 ~ 15 分钟），并仔细观察、记录飞蛾的飞行轨迹。

根据拍摄到的视频，我们可以整理、分析飞蛾飞行轨迹的特点。

不知道你注意到了吗？飞蛾不是笔直地飞向灯光的。飞蛾围绕着灯光螺旋式地转圈，好像迷失了方向一样，然后慢慢地向灯光靠近。

在实验的过程中，我们总能听到飞蛾与物体相撞的声音，还会看到地上有受伤和死去的飞蛾。

如果飞蛾喜欢光源，它们可以直接飞向光源，这样会更省力气、更节约能量，并且也不会受伤和失去生命。然而飞蛾是围绕着灯光转圈飞行的，并不是一条直线，而是一条螺旋线。这究竟是怎么回事儿？

或许这可以作为一条线索，帮助我们研究飞蛾的飞行路线吧！

飞蛾扑火的原因

在漆黑的夜晚，飞蛾靠月光或星光为自己的飞行路线导航。由于月亮、星星距离地球都很遥远，它们反射或发出的光线照到地球上可以认为是平行的光线。

飞蛾与平行光线按照固定的夹角直线飞行，飞蛾与平行光线的角度稍微一调整，就可以直线飞向另一个目标。

飞蛾扑向灯光或火光是它们把像路灯、打开的手电筒、燃烧的蜡烛和柴草这样的人造光源当成了月光或星光，由于人造光源比较近，发出的光线都是发散型的，因此，飞蛾按照固有的习性飞行，误以为按照与光线的固定夹角飞行就是直线呢。

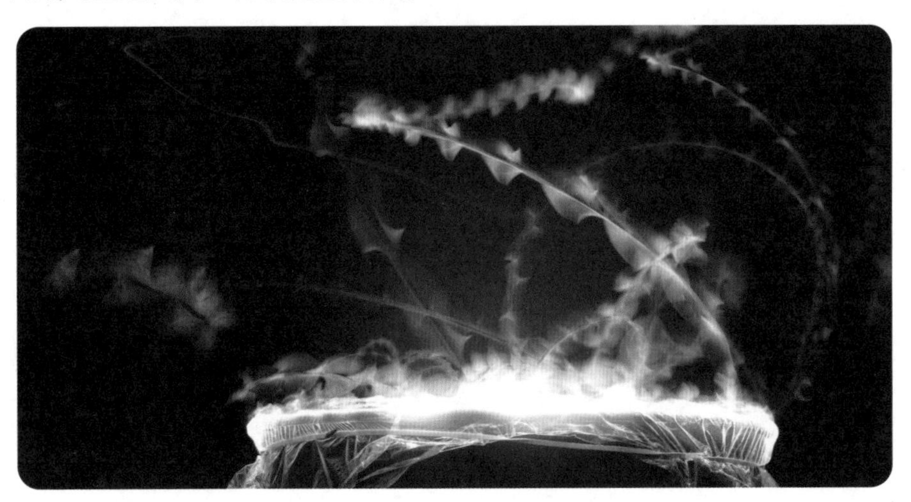

于是它们不断调整角度和方向，结果越飞越靠近光源，形成了一条不断折向光源中心点的等角螺旋线，最终扑向光源导致受伤或死亡。

你发现了吗？

飞蛾是以月光、星光为导航的，它们会找到一个与光线的固定夹角做直线飞行，从而到达它们想去的地方，飞蛾扑火是人造光源干扰了它们的导航，然而飞蛾却按照固有的习性飞行，这就导致飞蛾形成了螺旋飞行路线，最终扑向灯火而失去生命。

开动脑筋想一想

1. 是不是所有的飞蛾都有扑火的特点？你可以查查资料，自己寻找答案。

2. 飞蛾主要靠吸食植物的汁液为食，你能利用学到的知识，使用环保的方法设计一套装置来减少飞蛾对植物的伤害吗？除此之外，人们利用飞蛾扑火的原理还做了哪些事情呢？

孩子们的作品

《曹冲称象》
（北京市十一中附属定安里小学）

《刳木为舟》
（北京市十一中附属定安里小学）

《沉李浮瓜》
杨韵玺（北京市第一七一中学附属青年湖小学）

《南橘北枳》
袁文萱（北京市东城区回民实验小学）

《扬汤止沸》
刘胧月（北京市东交民巷小学）

《如影随形》
刘欣萌（北京市和平里第一小学）